AF879313

Kieler Vorträge

gehalten im Institut für Weltwirtschaft an der Universität Kiel

Herausgegeben von

Professor Dr. Drs. h. c. Erich Schneider

Neue Folge

47

Forschungsplanung

— Möglichkeiten und Grenzen —

Von

Dr. Gerhard Stoltenberg

Bundesminister für wissenschaftliche Forschung

Kiel 1966

Alle Rechte vorbehalten

Als Manuskript gedruckt

Schriftleitung:

Dr. Dr. Anton Zottmann

Der Vortrag wurde am 19. Juli 1966
im Institut für Weltwirtschaft an der Universität Kiel gehalten.

Der Begriff »Forschungsplanung« ist in letzter Zeit zu einem vielgebrauchten Schlagwort geworden. Forschungsplanung ist offenbar ein mehrdeutiger Begriff. Einmal kann man ihn verstehen als weitschauende Formulierung von Forschungs- oder Entwicklungszielen (man denke etwa an die Entwicklung eines Reaktors, die Züchtung einer bestimmten Getreidesorte, die Ausarbeitung eines Schulentwicklungsplanes und die damit verbundenen methodischen Voraussetzungen). Zum anderen ist Forschungsplanung als Planung des Forschungsprozesses zu verstehen (z. B. die Planung einer Reaktorentwicklung in ihren verschiedenen Stufen und Stadien). Und schließlich ist unter Forschungsplanung die Planung der finanziellen Förderungsmittel zu begreifen.

I. Formulierung und Entwicklung von Forschungszielen

Es entspricht weitgehend dem Selbstverständnis der Wissenschaft, daß es allein dem Forscher vorbehalten ist, Gegenstand und Ziel seiner Forschungs- und Entwicklungsarbeiten zu bestimmen. Das ist die Art und Weise, wie wir nach wie vor und auch in Zukunft überwiegend im Bereich der Universitätsinstitute arbeiten und arbeiten werden. Dem trägt die staatliche »allgemeine Wissenschaftsförderung« Rechnung, indem sie wissenschaftliche Einrichtungen durch global vergebene Mittel trägt. Daneben steht die gezielte Förderung konkret umrissener Projekte, an deren Formulierung der Staat beteiligt ist. Diese Form der Förderung besteht heute neben der allgemeinen Wissenschaftsförderung, weil der Staat im Interesse der Allgemeinheit bestimmte Forschungs- und Entwicklungsprojekte besonders vorantreiben muß (z. B. auf dem Gebiet der Ernährung und Gesundheit, Verteidigung und Energieversorgung). Einige dieser Forschungsprojekte sind so teuer und personell aufwendig geworden, daß sie schon deshalb im Rahmen allgemeiner Wissenschaftsförderung nicht mehr zu bewältigen sind. Wenn heute beispielsweise die Entwicklung eines der großen Reaktoren der Zukunft, über deren Typenwahl wir uns vielleicht in zwei Jahren entscheiden müssen, 600 Millionen oder 800 Millionen DM kostet, dann hört die Formulierung der Forschungs- und Entwicklungsziele auf, eine Sache nur der beteiligten Forscher zu sein. Hier wird Forschungsplanung nötig in dem Sinne, daß das Projekt Teil eines wohlüberlegten übergreifenden Programms sein muß. Das Förderungsprogramm der Bundesregierung »Kernforschung und kerntechnische Entwicklung« ist ein solches Programm, und ich will an diesem Beispiel kurz schildern, wie ein solches Förderungsprogramm entstehen kann.

Nach der Freistellung vom alliierten Verbot der Kernforschung im Jahr 1955, dem Wegfall des Besatzungsstatus, begannen die Maßnahmen der Bundesregierung zunächst mit der Errichtung des Bundesministeriums für Atomfragen, dem bald die Gründung der Deutschen Atomkommission folgte. Diese Kombination einer bis heute kleinen Ministerialverwaltung des Staates mit einem großen Beratungsgremium — die Deutsche Atomkommission umfaßt mehr als zweihundert ehrenamtlich tätige Mitglieder aus Wissenschaft, Wirtschaft und Verwaltung in Fachkommissionen, Arbeitskreisen, adhoc-Ausschüssen — hat sich in der Behandlung von Spezialfragen wie auch für die Aufstellung von umfassenden Programmen nach unserer Überzeugung bewährt. Die Diskussion von Einzelfragen, das Anhören von Sachverständigen, die Ausarbeitung von Empfehlungen und schließlich die Aufstellung des deutschen Atomprogramms sind durchaus als planende Tätigkeiten anzusprechen. Dank den von Bund und Ländern aufgebrachten Mitteln gelang es verhältnismäßig rasch, im Bereich der Grundlagenforschung durch Erweiterung und Neubau von Instituten und ihre Ausstattung mit modernen Geräten, Schaffung von Lehrstühlen, Heranbildung von Nachwuchs die Voraussetzungen für den Anschluß an den internationalen Stand in der Kernforschung zu schaffen. Durch vernünftiges Zusammenwirken von Staat — hier also Bund und Ländern —, Wissenschaft und Wirtschaft ist auch die Kerntechnik mittlerweile »marktfähig« geworden. Hierzu haben Improvisation, Beweglichkeit der jeweils Verantwortlichen, Einzelinitiativen in Wissenschaft, Wirtschaft und Verwaltung und Planung nebeneinander beigetragen. Sicher ist, daß mit steigendem Bedarf an Menschen, an finanziellen Mitteln und an hochwertigen technischen Ausrüstungen den zunächst genannten Faktoren, die unentbehrlich sind, ein relativ engerer Spielraum bleibt und die Notwendigkeit einer übergreifenden Programmierung mehr und mehr hervortritt.

Das jetzt akute Beispiel des Projekts Schneller Brüter, der in Karlsruhe und daneben für den thermischen Brüter in Jülich durchgeführten Entwicklung von Reaktoren der Zukunft, zeigt besonders gut, daß in der Großforschung viele Stufen zu durchlaufen sind, bis ein Projekt entsteht, das formal programmiert werden kann. Die Grundgedanken des Projekts wurden in Deutschland vor neun Jahren in einer Arbeitsgruppe für den ersten deutschen Forschungsreaktor FR 2 in Karlsruhe unter Professor Wirtz entwickelt, ohne daß bei dem damaligen deutschen und internationalen Stand der Kenntnisse ein vollständiges Bild schon möglich war. Die beteiligten Wissenschaftler spürten damals ein »gewisses Unbehagen«, das zu weiterem Nachdenken über zwei Jahre hinweg anregte und schließlich nach mühsamer Arbeit zur genaueren Formulierung des Problems führte. Erst dann konnten mit einem kleineren Stab von Mitarbeitern vielerlei Möglichkeiten im wissenschaftlichen Arbeitsstil durchdacht und »durchgespielt« werden, bis etwa 1962 detaillierte wissenschaftliche und technische Einzelfragen der Reaktortheorie, der Kühlmittel, der Brennstoffe usw. in den Vordergrund traten. Weitere zwei Jahre waren auf Grund solcher Einzelergebnisse der wissenschaftlichen und technischen Analyse erforderlich, das Gesamtprojekt in seinen wesentlichen Zügen festzulegen und mit den formalen Planungsmethoden zu beginnen.

Es sei darauf hingewiesen, daß die beteiligten Wissenschaftler und Ingenieure diesem Prozeß eines immer wieder erneuten Durchdenkens, Durcharbeitens und Verbesserns entscheidende Bedeutung zumessen. Als unerläßlich gilt außerdem der wissenschaftliche Nährboden eines großen Forschungszentrums, der nur durch die Beschäftigung eines wesentlichen Teils der Kapazität mit Problemen der Grundlagenforschung gewährleistet erscheint. Das bedeutet also, daß auch auf bestimmte Großprojekte zugespitzte Entwicklungen und Überlegungen im Grunde der organisatorischen und institutionellen Verbindung mit der Grundlagenforschung bedürfen, um zu einem wirklichen Ergebnis zu kommen.

Parallel mit diesen langjährigen Arbeiten der Projektgruppe gingen Beratungen im Kreise der Deutschen Atomkommission, zunächst im Arbeitskreis Kernreaktoren, über die reaktorphysikalischen und technischen Fragen. Mit dem Hinzutreten der entscheidend wichtigen Belange der Energieversorgung auf lange Sicht und ihrer Wirtschaftlichkeit, einem neuen Aspekt, begann die Diskussion in der übergeordneten Fachkommission »Technisch-wirtschaftliche Fragen bei Reaktoren«. Durch diesen steten, in wenigen Strichen hier kurz angedeuteten Prozeß der Wechselwirkung zwischen Projektleitung, Reaktorindustrie, Energiewirtschaft und den Beratungsgremien der Regierung wurden die erforderlichen weitreichenden Entscheidungen des Bundesministeriums für wissenschaftliche Forschung vorbereitet und ermöglicht. Die zunächst nicht determinierten, aber geordneten Einzelschritte führten schließlich zum jetzigen, mehr formalisierten System mit seiner Rollenverteilung zwischen Regierung, Forschungszentrum, Industrie, EURATOM und verschiedenen wissenschaftlich-technisch interessierten ausländischen Stellen. Dieses eine Beispiel aus dem Bereich der Großforschung mag hier zunächst genügen.

Nicht so allgemein bekannte umfassende Planungsaufgaben stellen sich auch im Bereich der Verteidigung. Sie lassen sich in drei Gruppen gliedern:

1. Quantitative Erfassung der Kosten und Wirksamkeit von Waffensystemen und ihre Optimierung (Systems Engineering),
2. Analyse und Optimierung von Waffensystemen unter taktischen Bedingungen (Weapons Systems Analysis),
3. Analyse von Problemen der Gesamtverteidigung (System Evaluation).

An dieser letzten Aufgabe arbeitet in Deutschland die Zentrale Operations Research des Verteidigungsministeriums mit einer Gruppe deutscher und amerikanischer Wissenschaftler auf der Grundlage der bekannten amerikanischen Untersuchungen und Methoden, die unter der Ägide des jetzigen Verteidigungsministers McNamara in Amerika eingeführt wurden. Ich habe im übrigen bei einem Besuch in Amerika feststellen können, daß allerdings auch die beste Theorie der Forschungs- und Entwicklungsplanung bei allen theoretisch wohlbegründeten Aspekten in der Übertragung auf Forschungszentren immer noch gewisse Probleme aufwirft. In den großen Forschungszentren der NASA, etwa in dem von Wernher von Braun geleiteten Zentrum in Huntsville, habe ich doch Klagen gehört, daß das Problem der Adaptation eines solchen theoretischen Systems auf die jeweiligen konkreten Gegebenheiten eines wissenschaftlichen Zentrums noch nicht hundertprozentig gelöst ist und auch manche Spannungen zwischen den Methoden der Forschungsplanung und den Forschern und Technikern selbst, die schließlich konkret die Arbeit zu leisten haben, hervorrufen kann. Lassen Sie mich jetzt einige Ausführungen zu dem zweiten Stichwort machen, Forschungsplanung im Sinne der Planung von Forschungsprozessen.

II. Planung von Forschungsprozessen

Hier muß man sagen, daß der Begriff Forschungsplanung in gewisser Weise ein Widerspruch in sich zu sein scheint. Es wird immer wieder die Frage gestellt, wie man denn etwas planen könne, daß seinem Wesen nach auf dem Unvorhersehbaren, dem Schöpferischen im Geiste des Menschen beruht. Anderseits weiß jeder in der wissenschaftlichen Forschung Tätige, daß schon im kleinsten Bereich der Forschung, in der Denkerstube, im Laboratorium eine sorgfältige Vorausschau und Disposition jeder wissenschaftlichen Arbeit unerläßlich ist. Fragestellung, Aufbau, Ablauf und Auswertung von Experimenten, Exkursionen und Expeditionen müssen vorbedacht und vorbereitet werden. Das ist gleichsam das selbstverständliche, methodische Rüstzeug jeder einzelnen Fachdisziplin. Man kann also in diesem Sinne sagen, daß jeder gute Forscher seit jeher seine Arbeit plant. Eine Planung, die dem Geist der Wissenschaft konform ist, braucht dem jeder Forschung eigenen, unvorhersehbaren kreativen Lebenselement keine Zügel und keine Hemmnisse anzulegen. Eine vernünftige Planung darf man so als Korrelat zur Systematik der Wissenschaft selbst ansehen, die neben dem Schöpferischen ein weiteres Grundelement aller wissenschaftlichen Disziplinen ist. Gelegentliche »Verstöße« des Experiments gegen die Systematik durch ganz unerwartete Entdeckungen sind dabei besonders wertvoll für den Fortschritt; sie bereichern die

Wissenschaft durch den Zwang zur Überprüfung der bis dahin bewährten Systematik und der bis dahin geltenden Theorien. Typische Beispiele hierfür sind etwa die Entdeckung der Kernspaltung und die kürzliche Darstellung von Verbindungen der Edelgase.

Im allgemeinen bewegen sich Forschungsprozesse dagegen mit Erfolg im Rahmen einer Systematik. Von vielen möglichen Beispielen sei hier nur die planmäßige Entdeckung von neuen Elementen jenseits des Urans, des schwersten natürlichen Elements, genannt, die noch keineswegs abgeschlossen ist, sondern gleichsam mit einem systematischen Vorgehen weiter fortgesetzt wird. Ein vielleicht extremes Beispiel ist die folgenreiche Entwicklung der Halbleiter, der Transistoren, die nach den strengen Regeln der Systemanalyse vorgenommen wurde und bekanntlich zur Verleihung des Nobel-Preises führte. Es sei an dieser Stelle hervorgehoben, daß es zum Wesen moderner Planungsmethoden gehört, gleichsam auch unvorhersehbare Elemente auffangen und nach Prüfung ihrer Bedeutung einordnen zu können. Planung ist also in diesem Sinne durchaus als ein dynamischer Prozeß zu verstehen, nicht als ein doktrinärer oder statischer Begriff.

Die planende Arbeitseinteilung des einzelnen Forschers früherer Zeit, als die grundlegenden Entdeckungen noch stärker als heute das Werk einzelner waren, reicht in unserer Gegenwart vielfach nicht mehr aus. Die zunehmende Spezialisierung führt zum Team, zunehmend auch zur interdisziplinären Zusammenarbeit, da viele besonders fortschrittliche Gebiete an den Grenzen der Einzelwissenschaften, der Einzeldisziplinen liegen, wofür als Beispiel nur die Molekularbiologie und die Radioastronomie gelten mögen. Beschaffung und Betrieb aufwendiger Apparaturen erfordern z. B. bei großen Beschleunigern äußerst genaue Planung der Experimente, manchmal auf Jahre im voraus zur Ausnutzung der teuren Maschinenbetriebszeit, aber auch wegen des raschen Alterns solcher Großbeschleuniger, die nur wenige Jahre die Chance bieten, wirkliche Fortschritte und neue Erkenntnisse zu liefern; dann sind sie überholt und scheiden trotz einwandfreiem technischem Zustand aus der wissenschaftlichen Forschung aus, wie z. B. das Kosmotron in Brookhaven, einer der zunächst größten und wichtigsten Beschleuniger der Nachkriegszeit in Amerika.

Wir sind damit auf dem Gebiet der Großforschung, die den Rahmen der Hochschulen sprengt und daher in Forschungszentren untergebracht wird, nicht zuletzt auch deshalb, weil sie eigenen Gesetzen unterliegt. Im Rahmen unseres Themas Forschungsplanung ist es angebracht, auf einige wesentliche Merkmale dieser neuartigen Form der Bewältigung von umfangreichen und komplexen Problemstellungen einzugehen, die unter dem Begriff der Big Sciences zusammengefaßt werden. In Deutschland ist hierfür der Begriff Projektwissenschaften durch Professor Häfele, den Leiter des erwähnten Projekts Schneller Brüter eingeführt und beschrieben worden. Hierzu rechnet man neben weiten Bereichen der Kernenergie z. B. die Weltraumfahrt, die Hochenergiephysik, die Plasmaphysik, die Molekularbiologie, die Materialforschung, die Datenverarbeitung, um einige der wichtigsten zu nennen. Auf diesen Gebieten einer komplexen Aufgabenstellung beansprucht die Projektwissenschaft ihren besonderen Platz innerhalb der Wissenschaft im hergebrachten Sinn, wie sie seit Jahrhunderten an den Universitäten gepflegt wird. Dort sucht man Erkenntnis und vermittelt in der Einheit von Lehre und Forschung Bildung in der besten Bedeutung dieses Wortes.

Die Bewältigung der eben genannten großen Aufgaben der modernen Welt hat den neuen Stil der Projektwissenschaft herausgebildet. Während die traditionelle Wissenschaft exakte Ergebnisse gewinnen will, ohne dabei an eine Frist gebunden zu sein, muß die Projektwissenschaft ihre Ergebnisse jeweils zu einem genau vorgesehenen Termin vorlegen können, wobei sie sich notfalls zunächst mit Näherungslösungen begnügen kann. Dieser grundlegende Wesensunterschied entspricht eben auch grundlegenden Unterschieden in der Problemstellung. Worauf es hier ankommt, ist die darauf beruhende dominierende Rolle der Planung in der Projektwissenschaft. Es ist hier nicht der Ort, auf die vielfachen Planungsmethoden einzugehen, die als Netzwerkplanung bekannt sind und auch bei uns Eingang gefunden haben. Eine formale Planung kann auch erst einsetzen, wenn das Projekt und seine Probleme in allen Konturen ausreichend deutlich erkannt und präzisiert sind. Ganz im Gegensatz zur Auffassung des Laien kennt auch der Experte nicht von vornherein die Problemstellung, weiß anfangs vielleicht nicht einmal die richtigen Fragen, muß vielmehr einen Suchprozeß mit allen seinen Ungewißheiten durchstehen.

Wie oben schon erwähnt, geht die »Läuterung« der Problemstellung über einen vielfachen Prozeß, einen Gedankenkreislauf, der zunächst Wissenschaftler und Ingenieure, dann mehr und mehr auch Leiter von Industrieunternehmungen und nicht zuletzt Politiker und demokratische Kontrollinstanzen umfaßt, wie etwa die Erörterung großer Projekte einer nationalen Wissenschaftspolitik, zum Teil mit militärischen Fragestellungen der Weltraumforschung und anderen Bereichen verbunden, in den amerikanischen Diskussionen (Hearings) besonders deutlich gemacht hat. Bemerkenswert und charakteristisch ist dabei, daß alle Beteiligten nach und nach ihre Ausgangsposition ändern. Haben die ersten Zyklen dieses Prozesses die Zielerkennung ermöglicht, schließen sich die Phasen der Zielplanung und Terminverfolgung an. Der Planungsaufwand muß immer in einem vernünftigen Verhältnis zum Gesamtaufwand stehen. Das bedeutet, im Einklang mit diesem Prozeß, anfangs geringe, mit steigender Präzisierung der Problemstellung rasch zunehmende Intensität der Planung, d. h. es ist ein möglichst maximaler Wirkungsgrad zwischen den Extremen totales Chaos und Planung zu finden und einzuhalten. Lassen Sie mich hieran einige Ausführungen zu dem dritten Stichwort Planung als Problem der Forschungsfinanzierung anschließen.

III. Planung der Forschungsfinanzierung

Das Grundproblem der Planung besteht hier darin, die Sachplanung, über die wir eben gesprochen haben, in der rechten Form mit der Finanzplanung zu verbinden. Beide sind natürlich nicht unabhängig voneinander möglich. Beide dürfen aber auch nicht zu voreilig, zu früh miteinander verknüpft werden, denn die Finanzplanung unterliegt anderen Gesichtspunkten als die Sachplanung. Man kann hier in diesem Zusammenhang drei Stadien der Planung unterscheiden. Das erste Stadium ist eine Sachplanung ohne Rücksicht auf die finanziellen Möglichkeiten. Das zweite ist – in ungefährer Kenntnis der sachlichen Erfordernisse – die Festlegung der finanziellen Mittel durch finanzpolitische Entscheidungen, und das dritte ist dann die verfeinerte, genaue Abstimmung zwischen Finanzplanung und Sachplanung.

Die Entwicklung einer Sachplanung beruht, wie eingangs gesagt, ganz vorwiegend auf den Ideen und Vorstellungen der Forscher selbst, zum Teil allerdings auch orientiert an den sachlichen Zielen, welche der Staat in gewissen Bereichen, vor allem im Bereich der modernen Naturwissenschaft und Technik, von dem wir gesprochen haben, der Wissenschaft im Interesse der Allgemeinheit setzt. Die Sachplanung muß daher gleichsam von unten, von der Basis der Forschung nach oben aufgebaut werden. Die einzelnen Forscher formulieren ihre Pläne. Diese werden, soweit es erforderlich ist, in dem hier relevanten Bereich zu Projektplänen vereinigt, die Projekte wiederum zu Programmen. Ein solches Sachprogramm, etwa der Graue Plan der Deutschen Forschungsgemeinschaft oder das Atomprogramm, das Weltraumprogramm oder das Programm der Verteidigungsforschung, darf aber nicht zur Summe der zahlreichen Einzelwünsche der Forscher werden. Beratungskommissionen aus Wissenschaftlern und Verwaltungsbeamten versuchen, ein System daraus zu formen, bei dem die einzelnen Vorhaben und Projekte aufeinander bezogen und auf gemeinsame Ziele, wissenschaftlich begründete Ziele ausgerichtet sind. Gerade die Formulierung solcher Ziele ist eine Gemeinschaftsaufgabe von Forschung und Verwaltung, die bereits in diesem Stadium zu einer ersten Konzentrierung der Pläne führt, schon weil sich mit dem vorhandenen wissenschaftlichen und technischen Personal nur begrenzte Programme durchführen lassen. Für die Praxis unserer Wissenschaftsförderung wird sich in den nächsten Jahren die Personalknappheit möglicherweise stärker auswirken als die finanzielle Begrenzung; die Personalsituation wird daher zunehmend bei der Konzipierung solcher Ziele zu berücksichtigen sein.

Das Ergebnis dieses Stadiums der Forschungsplanung ist die Formulierung von Förderungsprogrammen mit Angaben über den voraussichtlichen finanziellen Bedarf. Solche Sachprogramme stellt z. B. der Bundesbericht Forschung I der Bundesregierung dar, der eine Vorausschau auf die sachlichen Pläne der verschiedenen wissenschaftlichen Organisationen und Bundesressorts bis 1968 enthält und eine Vorschätzung der hierfür erforderlichen Mittel versucht. Diese Vorschätzung geschah unabhängig von der Frage, wieviel staatliche Mittel für Forschung und Entwicklung voraussichtlich aufgewendet werden können. Solche Bedarfszahlen haben den Nachteil, daß sich niemand auf ihre Realisierung verlassen kann. Es ist aber gerade der Zweck der Planung, der Forschung eine gewisse Sicherheit für die Durchführung auch langfristigerer Projekte zu geben. Daher darf die Forschungsplanung auf dieser Stufe nicht stehenbleiben.

Das zweite Stadium wäre dann die Festlegung der verfügbaren Mittel. Diese Festlegung sollte nicht wie die Sachplanung mit einzelnen Projekten bzw. mit einzelnen Haushaltstiteln beginnen und allmählich zu den Programmen aufsteigen, sondern sie sollte in den Finanzentscheidungen, soweit sie die Wissenschaft betreffen, umgekehrt zunächst global das gesamte Forschungsbudget der Regierungen von Bund und Ländern betreffen, das dann durch Beschluß der zuständigen Organe auf die einzelnen Programme verteilt werden sollte. Damit wären gleichsam Plafonds für die einzelnen Programme und damit die wichtigste Voraussetzung für eine echte Schwerpunktbildung, eine echte Planung der Forschungsförderung geschaffen.

Dieses zweite Stadium hängt natürlich in der Verwirklichung sehr entscheidend davon ab, daß wir im Verhalten der staatlichen Organe von dem Prinzip des Einjahreshaushaltes mit seinen beträchtlichen Nachteilen für die Forschungsförderung und Forschungsfinanzierung wegkommen. Es ist von großer Bedeutung, daß die Pläne für eine Reform des Haushaltsrechts, die von der Bundesregierung in Absprache mit den Finanzministern der Länder jetzt vorgelegt werden sollen, zunächst einmal grundsätzlich den Übergang zum Zweijahreshaushalt vorsehen, und zwar sowohl für den Investitionshaushalt als auch für den Sachmittelhaushalt, und daß darüber hinaus der Grundsatz der mittelfristigen Planung von der Haushalts- und Finanzseite her verwirklicht werden soll, mit allen gebotenen Einschränkungen und Vorbehalten. Eine solch mehrjährige Planung der Mittel wird den Erfordernissen der Forschung auch von der Finanzierungsseite her gerechter als der jetzige Zustand.

Das dritte Stadium wäre dann die Anpassung der Sachprogramme an die verfügbaren Mittel. Sie wird zu einer noch stärkeren Konzentrierung der Pläne auf bestimmte Projekte führen müssen. Dabei wird die Planung in einer Art Trichtersystem erfolgen müssen: Die für ein fernes Planungsjahr notwendig grobe Rahmenplanung muß, je näher das Planungsjahr heranrückt, um so detaillierter werden. Das Ergebnis einer solchen Planung wäre ein Forschungsprogramm der Bundesregierung und der Landesregierungen, das an den tatsächlich verfügbaren Mitteln orientiert ist und den von der Bundesregierung und den Landesregierungen geförderten Forschungseinrichtungen ein verhältnismäßig hohes Maß an Sicherheit für einige Jahre gibt.

Es ist ganz klar, daß sowohl die Dynamik der Wissenschaft selbst als auch der Wandel der öffentlichen Finanzsituation eine ständige Überprüfung und Anpassung der Planung notwendig macht, um dem Ganzen die notwendige Flexibilität zu sichern. Immerhin haben wir in der praktischen Wissenschaftsförderung und Wissenschaftspolitik von Bund, Ländern und Selbstverwaltungsorganisationen mit dem Versuch einer derartigen mittelfristigen Programmierung durchaus ermutigende erste Erfahrungen gemacht. Ich verweise etwa auf das erste große Gutachten des Wissenschaftsrats im Jahr 1960 für den Ausbau unserer wissenschaftlichen Hochschulen, in dem versucht wurde, für vier bis fünf Jahre ein solches mittelfristiges Programm vorzulegen, das dann zwar zum Teil durch eine stürmische Entwicklung in den Größenordnungen überholt wurde, aber zunächst den entscheidenden Impuls und auch eine Orientierung für die Einzelentscheidungen im Ausbau unserer Hochschulen gegeben hat. Ähnliches kann man vom deutschen Atomprogramm sagen. Ich habe ja gerade am Beispiel der Reaktorenentwicklung einige methodische Probleme behandelt. Wir erhoffen uns ähnliche Ergebnisse vom Memorandum für die Weltraumforschung, das auch eine mittelfristige Rahmenplanung für einige Jahre versucht, und wir können darauf verweisen, daß auch die Deutsche Forschungsgemeinschaft nach einem ähnlichen Prinzip verfährt.

IV. Zwang zur Auswahl

Die langfristige Sicherung eines stetigen Wirtschaftswachstums wird künftig noch stärker als in der Vergangenheit vom Erfolg der Forschungs- und Entwicklungsanstrengungen einzelner Volkswirtschaften abhängen. Das wird in den internationalen Untersuchungen, etwa der OECD, ebenso deutlich wie in dem letzten Gutachten des Sachverständigenrates und anderen maßgebenden Äußerungen in der nationalökonomischen Diskussion. Diese Anstrengungen beanspruchen gegenwärtig selbst in den führenden Ländern zwar nur etwa 3 v.H. des Bruttosozialprodukts (in den Vereinigten Staaten etwas über 3 v.H., im Vereinigten Königreich etwa 3 v.H. und in der Bundesrepublik Deutschland zur Zeit etwa 2 v.H.). Ihre Bedeutung für die Wirtschaftsentwicklung ist jedoch zweifellos weit höher zu veranschlagen. Die Wirkungen der Anstrengungen und auch ihrer Unterlassung werden allerdings nicht kurzfristig und nur zum kleinen Teil mittelfristig, sondern hauptsächlich langfristig auftreten. Auch die wachsenden Ansprüche, die von der Forschung und Entwicklung berechtigterweise an die Ressourcen jedes Landes gestellt werden, machen planvolles Vorgehen zu einer immer dringenderen Notwendigkeit. Damit wird das Problem der Auswahl immer dringender, aber auch immer schwieriger, weil man aus den Erfahrungen der Vergangenheit nur beschränkt Nutzen ziehen kann. Die höheren Ansprüche der gesteigerten Forschungstätigkeit zwingen zu größerer Ökonomie und stärkerer Schwerpunktbildung. Der größere Erfolg dieser Anstrengungen führt aber auch zu einer ständigen Beschleunigung des Fortschritts und verschiebt eben damit die Richtpunkte der Orientierung immer stärker in die Zukunft. Es ist wichtig, diese Problematik der Forschungsplanung in aller Klarheit zu erkennen, um sich keinen Illusionen über die Planungsmöglichkeiten in diesem Bereich hinzugeben. Es ist aber noch wichtiger, die Möglichkeiten selbst zu erfassen und bis zum äußersten auszunutzen. Man wird sich dabei moderner Planungstechniken und Planungsmethoden bedienen und versuchen müssen, durch eindeutige Zielsetzung ein Höchstmaß an Klarheit für die Orientierung im einzelnen zu erreichen.

Da Forschung und Entwicklung nicht nur im ganzen mehr Mittel beanspruchen als es früher üblich war, sondern da vor allem auch die einzelnen Projekte zunehmend und in weiten Bereichen sprunghaft teurer werden, wird es vor allem darauf ankommen, den Wirkungsgrad der wissenschaftlichen Arbeit zu erhöhen und die Kosten dieser Arbeit, stärker als es bisher üblich und nötig war, so weit wie möglich mit ihrem Erfolg zu vergleichen. Das sind, wie sie vielleicht wissen, durchaus aktuelle Überlegungen, jetzt etwa in der Erörterung des Schwerpunktprogramms des Wissenschaftsrats oder auch im Rahmen der Deutschen Forschungsgemeinschaft. Unter Wahrung der größtmöglichen Freiheit in der Themenwahl bei der Grundlagenforschung wird man selbst in diesem Bereich ohne den Versuch einer gewissen Erfolgskontrolle, die sich an Leistung und Kosten orientiert, nicht auskommen können, wobei es selbstverständlich ist, daß die Langfristigkeit der jeweiligen Vorhaben hinreichend in Rechnung gestellt werden muß und die Kontinuität der Arbeit durch Kontrollen, die übrigens nur von Wissenschaftlern selbst in kollegialer Zusammenarbeit ausgeübt werden können, nicht beeinträchtigt werden darf.

Was hier für die Grundlagenforschung angedeutet wurde, gilt in noch stärkerem Maße für die angewandte Forschung und ganz besonders für die technische Entwicklung, weil da der Finanzaufwand ganz besonders groß ist, andererseits aber auch die Zweckorientierung bessere Möglichkeiten für Planung und Kontrolle eröffnet. Dies macht es erforderlich, innerhalb der mittelfristigen Haushaltsplanung ein hohes Maß an Flexibilität zu bewahren, um schnell den raschen Veränderungen Rechnung tragen zu können, die sich aus Erfolg oder Mißerfolg einzelner Forschungsarbeiten immer wieder ergeben. Auch hier müssen Planungs- und Koordinierungsmethoden noch weitgehend entwickelt werden, da die bisherigen, aus anderen Bereichen übernommenen Methoden noch nicht genügend geeignet sind und nur zu leicht zu bürokratischer Behinderung führen oder dazu, daß praktisch überhaupt keine Einflußnahme stattfindet.

Es ist anzunehmen, daß wir in den nächsten Jahren in der Lösung der besprochenen Planungsprobleme ein gutes Stück vorankommen. Grundlage aller dieser Bemühungen und Voraussetzung für ihren Erfolg ist die verständnisvolle Zusammenarbeit von Wissenschaftlern, Regierung und Wirtschaft.

Druck: Schmidt & Klaunig, Kiel

Bei Fragen zur Produktsicherheit wenden Sie sich bitte an:
If you have any questions regarding product safety,
please contact:

Walter de Gruyter GmbH
Genthiner Straße 13
10785 Berlin
productsafety@degruyterbrill.com